·“少年轻科普”丛书·

恐龙、蓝菌
和更古老的生命

史军 / 主编
史军 杨婴 于川 / 著

广西师范大学出版社
·桂林·

图书在版编目(CIP)数据

恐龙、蓝菌和更古老的生命/史军主编.—桂林:广西师范大学出版社,2019.5(2021.2 重印)
(少年轻科普)
ISBN 978-7-5598-0873-8

Ⅰ.①恐… Ⅱ.①史… Ⅲ.①古生物-少儿读物
Ⅳ.①Q91-49

中国版本图书馆 CIP 数据核字(2018)第 097423 号

恐龙、蓝菌和更古老的生命
KONGLONG、LANJUN HE GENG GULAO DE SHENGMING

出 品 人:刘广汉
责任编辑:周 伟
项目编辑:杨仪宁
装帧设计:DarkSlayer
插 画:陈姝亦

广西师范大学出版社出版发行
(广西桂林市五里店路9号 邮政编码:541004
网址:http://www.bbtpress.com)
出版人:黄轩庄
全国新华书店经销
销售热线:021-65200318 021-31260822-898
山东韵杰文化科技有限公司印刷
(山东省淄博市桓台县桓台大道西首 邮政编码:256401)
开本:720mm×1 000mm 1/16
印张:7.25 字数:47 千字
2019 年 5 月第 1 版 2021 年 2 月第 3 次印刷
定价:39.00 元

PREFACE

每位孩子都应该有一粒种子

在这个世界上，有很多看似很简单，却很难回答的问题，比如说，什么是科学?

什么是科学？在我还是一个小学生的时候，科学就是科学家。

那个时候，“长大要成为科学家”是让我自豪和骄傲的理想。每当说出这个理想的时候，大人的赞赏言语和小伙伴的崇拜目光就会一股脑地冲过来，这种感觉，让人心里有小小的得意。

那个时候，有一部科幻影片叫《时间隧道》。在影片中，科学家们可以把人送到很古老很古老的过去，穿越人类文明的长河，甚至回到恐龙时代。懵懂之中，我只知道那些不修边幅、蓬头散发、穿着白大褂的科学家的脑子里装满了智慧和疯狂的想法，它们可以改变世界，可以创造未来。

在懵懂学童的脑海中，科学家就代表了科学。

什么是科学？在我还是一个中学生的时候，科学就是动手实验。

那个时候，我读到了一本叫《神秘岛》的书。书中的工程师似乎有着无限的智慧，他们凭借自己的科学知识，不仅种出了粮食，织出了衣服，造出了炸药，开凿了运河，甚至还建成了电报通信系统。凭借科学知识，他们把自己的命运牢牢地掌握在手中。

于是，我家里的灯泡变成了烧杯，老陈醋和碱面在里面愉快地冒着泡；拆解开的石英钟永久性变成了线圈和零件，只是拿到的那两片手表玻璃，终究没有变成能点燃火焰的透镜。但我知道科学是有力量的。拥有科学知识的力量成为我向往的目标。

在朝气蓬勃的少年心目中，科学就是改变世界的实验。

什么是科学？在我是一个研究生的时候，科学就是炫酷的观点和理论。

那时的我，上过云贵高原，下过广西天坑，追寻骗子兰花的足迹，探索花朵上诱骗昆虫的精妙机关。那时的我，沉浸在达尔文、孟德尔、摩尔根留下的遗传和演化理论当中，惊叹于那些天才想法对人类认知产生的巨大影响，连吃饭的时候都在和同学讨论生物演化理论，总是憧憬着有一天能在《自然》和《科学》杂志上发表自己的科学观点。

在激情青年的视野中，科学就是推动世界变革的观点和理论。

直到有一天，我离开了实验室，真正开始了自己的科普之旅，我才发现科学不仅仅是科学家才能做的事情。科学不仅仅是实验，验证重力规则的时候，伽利略并没有真的站在比萨斜塔上面扔铁球和木球；科学也不仅仅是观点和理论，如果它们仅仅是沉睡在书本上的知识条目，对世界就毫无价值。

科学就在我们身边——从厨房到果园，从煮粥洗菜到刷牙洗脸，从眼前的花草大树到天上的日月星辰，从随处可见的蚂蚁蜜蜂到博物馆里的恐龙化石……

处处少不了它。

其实，科学就是我们认识世界的方法，科学就是我们打量宇宙的眼睛，科学就是我们测量幸福的尺子。

什么是科学？在这套“少年轻科普”丛书里，每一位小朋友和大朋友都会找到属于自己的答案——长着羽毛的恐龙、叶子呈现宝石般蓝色的特别植物、僵尸星星和流浪星星、能从空气中凝聚水的沙漠甲虫、爱吃妈妈便便的小黄金鼠……都是科学表演的主角。“少年轻科普”丛书就像一袋神奇的怪味豆，只要细细品味，你就能品咂出属于自己的味道。

在今天的我看来，科学其实是一粒种子。

它一直都在我们的心里，需要用好奇心和思考的雨露将它滋养，才能生根发芽。有一天，你会突然发现，它已经长大，成了可以依托的参天大树。树上绽放的理性之花和结出的智慧果实，就是科学给我们最大的褒奖。

编写这套丛书时，我和这套书的每一位作者，都仿佛沿着时间线回溯，看到了年少时好奇的自己，看到了早早播种在我们心里的那一粒科学的小种子。我想通过“少年轻科普”丛书告诉孩子们——科学究竟是什么，科学家究竟在做什么。当然，更希望能在你们心中，也埋下一粒科学的小种子。

“少年轻科普”丛书主编 史军

目录
CONTENTS

远古的生命

010　生命起源于幽深的海底

016　叠层石：让地球充满氧气

020　最古老的真核化石，和紫菜是近亲

024　走进寒武纪大观园

030　10 万年前，地球上真的有“金刚”

034　猛犸灭绝的原因是久旱逢甘霖？

040　“天生反骨”的鸟：反鸟

044　到底是“白垩纪”还是“白垩世”

048　神龙翼龙：白垩纪的巨型天神

人类的足迹

054　最早的人类祖先，是海底一粒蠕动的砂

060 走下树，站起来，走出非洲

066 180 万年前，一场说走就走的旅行

070 别小看一万年前的这罐野菜汤

恐龙的秘密

076 那是砾石？咸菜疙瘩？不，那是恐龙大脑

080 戈壁滩上的巨大脚印

084 泥潭龙的“成年礼”：牙齿掉光光

088 中华龙鸟：身披魔术羽衣的假面大盗

094 蒙受冤屈的窃蛋龙

098 恐龙灭绝是因为孵蛋时间太长了吗？

104 恐龙的末日，堪比灾难片

新元古代

水平钻孔迹

最早的动物活动遗迹化石

迪更逊水母

最早保存完整软躯体的后生动物化石

最早的贝壳类

小壳动物

古生代

寒武纪

最早的后口动物

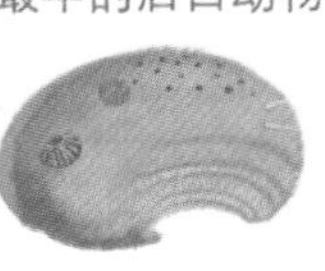

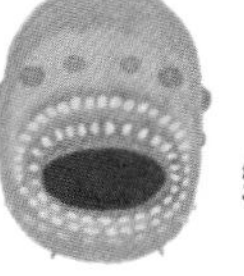

皱囊虫

昆明鱼

最早的鱼类

奥陶纪

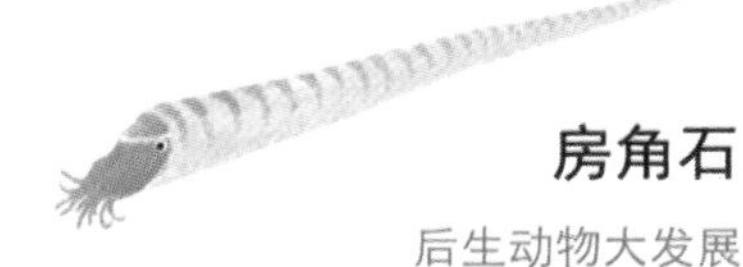

房角石

后生动物大发展

志留纪

泥盆纪

鱼石螈

动物登陆：最早的两栖动物

石炭纪

脉羊齿

种子蕨大繁

二叠纪

异齿龙

爬行动物大发展

它们的细胞一般比较小，细胞内也没有被膜包裹、携带遗传物质的核，它们就是原核生物啦，比如细菌、蓝菌，等等。

真核细胞不仅多了个细胞核，还因为个头大，往自己身体里塞了各种各样的“器官”。科学家们把这些器官叫作“细胞器”。其中一种细胞器叫“线粒体”，是专门用来对付氧气的，它能帮助细胞呼吸，比原核细胞更高效地进行生命活动。

可以说，没有蓝菌，就没有今天富含氧气的大气，也就没有包括我们人类在内的真核生物。而给蓝菌提供容身之所的叠层石生态系统，正是这一切出现的前提。

小贴士

生物的域

今天的科学家把生物分为三个“域”：细菌域、古菌域和真核生物域。古菌常生活在热泉、盐湖等普通生物难以生存的极端环境中。它们与细菌同属于原核生物，在形态上与细菌相似，细胞尺寸小，没有细胞核，也没有由膜所包裹的细胞器；但在DNA序列和生物代谢途径上却与真核生物相似。

03

最古老的真核化石，和紫菜是近亲

相信不少人都喜欢紫菜的鲜味和口感，紫菜蛋花汤、寿司、海苔……这些食物都要用到它。

紫菜是一种“藻类”。藻类一般生活在水中，所以人们经常叫它们“水藻”“海藻”等。藻类与我们熟悉的陆生绿色植物一样，含有叶绿素等光合色素，可以进行光合作用，但它们的身体却没有根、茎、叶的分化。

绝大多数藻类全身上下只有一个细胞，像个独来独往的“独行侠”——按科学家的行话来说，“藻类大多是单细胞的浮游类型”。但是也有例外，有些大型藻类的身体由许多细胞组成，是“多细胞藻类”，其中就有红藻。紫菜就属于红藻的一分子啦。

小贴士

碳元素与生命的活动

同属于碳元素的原子核中，含有相同数量的质子和不同数量的中子。根据中子数的由少至多，就分成了由轻到重的几种“同位素”。

碳是组成生命的重要成分（碳可以形成各种有机物）。在所有碳同位素中，比较轻的碳同位素比重的碳同位素更容易被“搬运”，因此，轻碳同位素更容易参与到由能量和分子反应推动的生物过程中，生物体也比周围的环境更容易收集轻碳同位素。

提前“2小时”登场的生命

2017年，英国的科学家在加拿大魁北克省找到了一些奇特的岩石。

如今石头是在陆地上，可在43亿年前，它们却身处幽深的海底。它们包含很多铁质的细丝和细管，像极了今天大洋深处热泉环境下的铁氧细菌。科学家们分析这种石头的碳元素组成，发现其中的碳元素比自然状态下的轻，这是曾有过生命活动的重要标志——因为地球上的生命总喜欢收集轻的碳元素。

43 亿年前，“24 小时制地球”的凌晨 2 点左右。

地壳才形成不久，地球上到处火山喷发，海洋中毒气弥漫。大洋中部的洋底裂缝喷涌着灼热的岩浆和热泉，在碰到冰凉的海水后冷凝为疏松多孔的岩石，沉淀下的硫化物和硫酸盐堆积成 60 米高的高塔。而最早的单细胞生命，就在岩石的孔洞里孕育成形。

值得一提的是，43 亿年前的火星其实与当时的地

小贴士

深海热泉

在海底一些地壳薄弱的裂谷地带，往往出现火山喷发或岩浆上涌的现象，释放大量热能，沉积出各种各样的金属矿产，并孕育出奇特的深海生物群。

球非常相似。那时火星有海洋，有火山作用，有洋底喷涌的热泉。科学家们相信，加拿大的古老岩石不仅印证了地球最古老生态系统的形态，更为我们寻找地外生命打开了一扇新的窗户。

生命诞生于幽深的海底，而非恒星光芒照耀之处。可以说，黑暗给了生命漆黑的家园，它们却最终浮上海面，寻找光明。

叠层石：让地球充满氧气

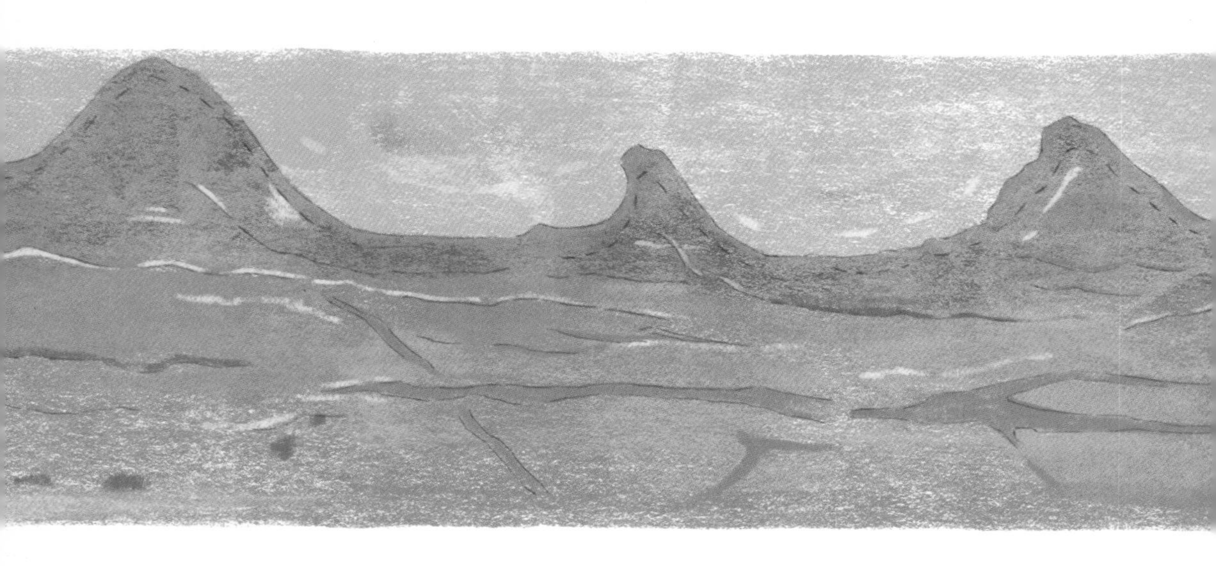

小贴士

温室气体

包括二氧化碳、甲烷（沼气的主要成分）等。在大气中，它们可以吸收太阳的热量，使地球表面温度上升。

大家应该听说过“温室效应”这个词吧？人类进入工业时代后，使用石油、煤炭等化石燃料，释放了大量温室气体，导致全球变暖。

人类把好好的地球变成了一个“大烤箱”，给生态系统甚至我们自己都造成了大麻烦。不过事情大多有两面性，这几年南北极冰盖融化，倒是让我们找到了一直被冰雪掩盖的“珍宝”。

冰盖下的超级大发现

2016 年，科学家们在寒冷的格陵兰岛发现了一块新化冻的土地。这个地区的岩石非常古老，有 37 亿岁高龄。令人兴奋的是，岩石里竟然保存了化石！尽管这些岩石不如加拿大魁北克的石头（在前一篇提到过哦）古老，却保存了目前已知、最早靠太阳的能量生长的生命形式。

在格陵兰的岩石中，我们可以找到一类叫“叠层石”的生物构造。它们是由能进行光合作用的微生物与泥土一层叠一层形成的。格陵兰岛的古老叠层石，形状像一座座微型的山峰，看着那一个个尖顶，就仿佛看到了 37 亿年前的光合微生物们一层层叠罗汉、努力向光生长的样子。

叠层石里的光合微生物大多是一种叫“蓝菌”的单细胞生物，也有人叫它“蓝藻”或“蓝绿藻”。蓝菌利用体内的叶绿素进行光合作用，是利用太阳光制造有机物的先驱，现在的所有植物都继承了它的伟大遗产。

小贴士

叠层石

一些能进行光合作用的微生物（大多是蓝菌）一边生长，一边黏结环境中沉淀的泥沙等物质，层层相叠，向光上拱，形成柱状或锥状的生物沉积构造，这就是叠层石。它们在 35 亿 ~ 5 亿年前的地球上广泛存在，从寒武纪开始迅速衰落。到如今，叠层石已经非常少见，主要集中于中美的巴哈马群岛和西澳大利亚的沙克湾。

叠层石与真核生物崛起

由叠层石组成的生态系统在远古地球上广泛存在。叠层石中的蓝菌在以光合作用制造粮食的同时，还要排放自己讨厌的废气。废气越积越多，到了距今 20 亿年前，逐渐催生出一类靠“废气”生存的、“重口味”的生物——它们的名字就叫作“真核生物”。而这种废气就是氧气——当今地球上大多数生命赖以生存的东西。

真核生物，顾名思义，就是有个真正的“核”的生物——这个“核”指的是细胞核。

也就是说，如果一个生物的细胞中，具有一个明显的、由一层膜包裹的核，而且这个核里集中了细胞几乎所有的遗传物质，那么这类细胞就拥有真正的细胞核，拥有这类细胞的生物就叫真核生物。

紫菜、海带、苔藓、树、鱼、虾、牛、马、人……都是真核生物。它几乎囊括了我们肉眼可见的所有生物。

与此相反，有一些形式比较简单的生物，

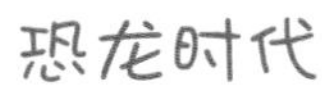

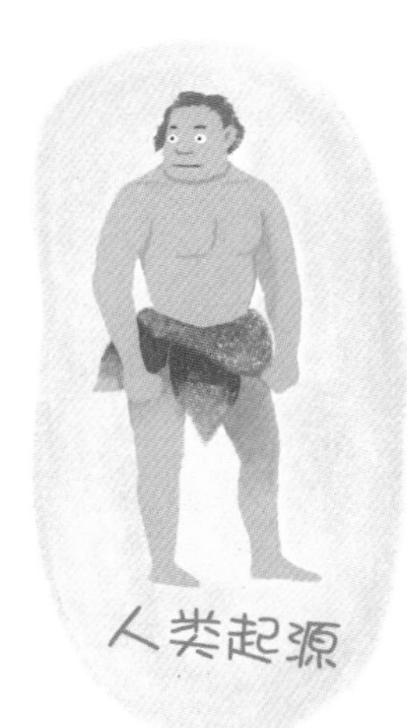

宙		显生宙		
古代	新元古代	古生代	中生代	新生代
纪	拉伸纪	寒武纪	三叠纪	古近纪
纪	成冰纪	奥陶纪	侏罗纪	新近纪
纪	埃迪卡拉纪	志留纪	白垩纪	第四纪
		泥盆纪		
		石炭纪		
		二叠纪		

01

生命起源于幽深的海底

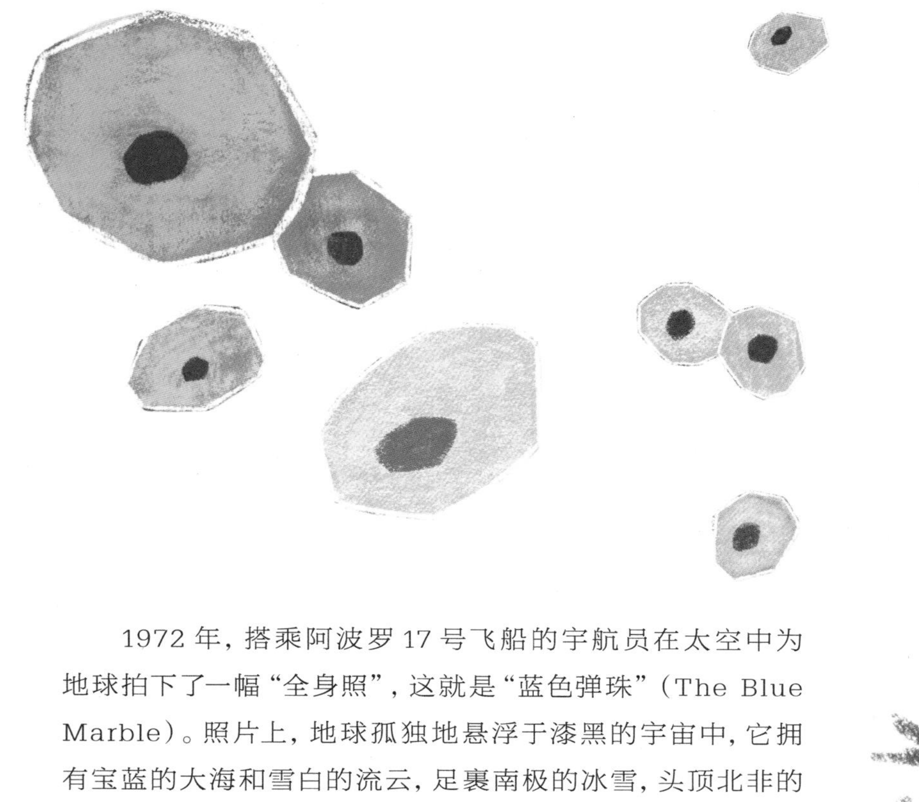

1972 年，搭乘阿波罗 17 号飞船的宇航员在太空中为地球拍下了一幅“全身照”，这就是“蓝色弹珠”（The Blue Marble）。照片上，地球孤独地悬浮于漆黑的宇宙中，它拥有宝蓝的大海和雪白的流云，足裹南极的冰雪，头顶北非的黄沙。在这颗蓝色弹珠上，数不清的生命在海中遨游、云中穿梭、陆上生长。生命在漫长的地球历史中具有举足轻重的地位，科学家也一直在寻找生命诞生的时间和地点。

地球的“24小时”

多年的研究，让科学家们能够为地球和生命绘制一幅历史长卷。地球的历史有46亿年。如果把这长长的历史压缩为24小时，那么从零点开始计算，生命的第一声啼哭要到凌晨5点才会响起。漫长的白昼里，生命都以单细胞的形式存在，直到黄昏时分才演化出简单的多细胞个体。

晚上 9 点到 10 点是一场令人眼花缭乱的盛宴——第一批节肢动物、第一条鱼接连出现；植物以原始的卑微之姿爬上陆地，长成参天巨木；两栖动物用笨拙的四肢探出泥沼，征服荒原。晚上 10 点到 11 点，爬行动物全面占领海陆空，哺乳动物的祖先在恐龙的巨大阴影下委曲求全。

晚上 11 点开始，这个世界才从光怪陆离慢慢变成我们熟悉的模样。天空中添了飞鸟，树林中盛开花朵，直到 11 点 37 分，一个火球从天而降，恐龙和菊石——陆地和海洋的两大霸主灰飞烟灭。

距午夜 12 点还有 3 分钟，人类终于登场，但这时的我们还是猿人，才刚刚学会直立行走。一直到距午夜只有 1 分 10 秒时，与现代人一样的人类才真正出现。

顶囊蕨
植物登陆
邓氏鱼
鱼类大繁盛
鳞木
鳞木类大繁盛
林蜥
最早的爬行动物
四角兽
有史以来最惨烈的生物大灭绝
中生代
新生代
三叠纪
侏罗纪
白垩纪
古近纪
新近纪
第四纪
艾雷拉龙
最早的恐龙
三尖叉齿兽
哺乳动物的近祖
大型蜥脚类恐龙
恐龙大发展
始祖鸟
形如老鼠的早期灵长类
木兰类
最早的灵长类动物
三角龙
恐龙灭绝
三趾马
哺乳动物大发展
猛犸
智人
人类快速演化

地球生命的诞生

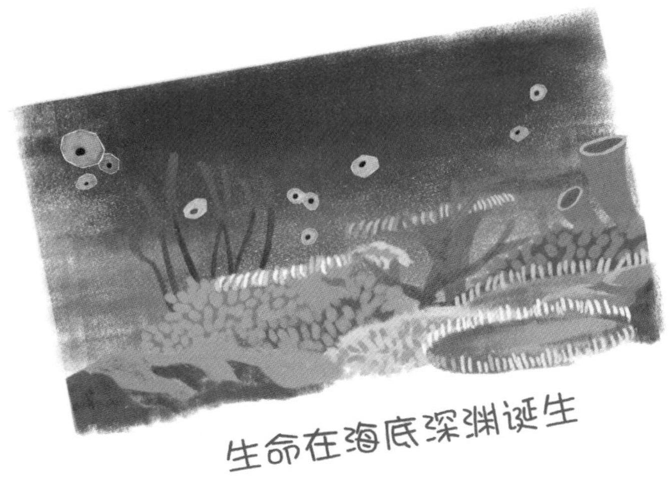

生命在海底深渊诞生

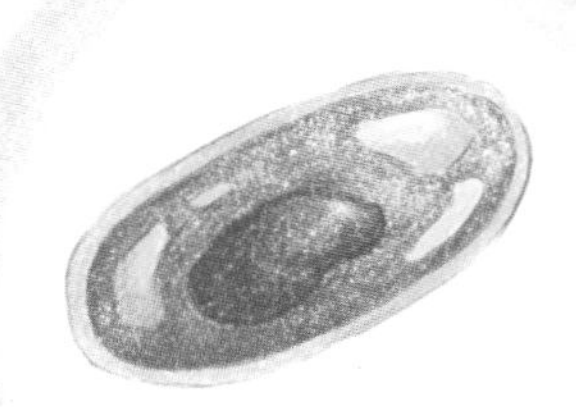

真核生命起源

冥古宙	太古宙				元古	
	始太古代	古太古代	中太古代	新太古代	古元古代	中元
					成铁纪 层侵纪 造山纪 固结纪	盖层 延 狭

地球的诞生

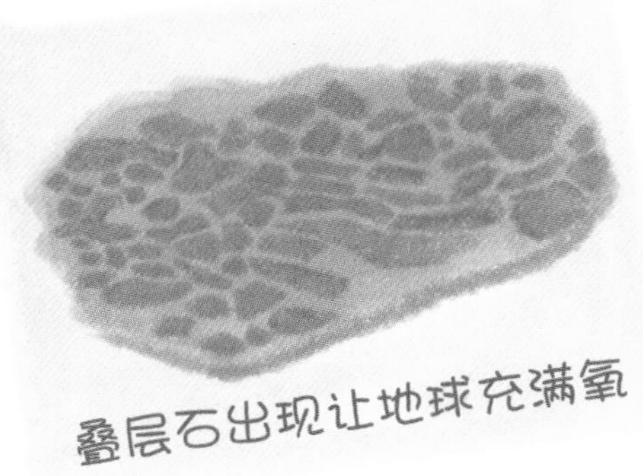

叠层石出现让地球充满氧

特别的多细胞藻类：红藻

作为一种多细胞藻类，红藻的身体里不仅有常见的叶绿素，还有很多叫“藻红素”的红色素，所以红藻的身体通常是红彤彤的。像紫菜这样的红藻，还含有“藻蓝素”，红蓝相加，所以呈现紫色。

大多数红藻生活在海洋中，身体由许多细胞组成。从这些细胞自身的外壁——细胞壁中可以提炼出一种叫“琼脂”的凝胶状物质，小朋友们爱吃的果冻、布丁里就经常有它的身影。

红藻的细胞会聚集成不同的细胞群，分化出不同的形态，并且各司其职，不仅能让红藻像小树一样固着在岩石上，还能让它们伸展肢体，拥有丝状、叶片状或树枝状的姿态。

奇妙精致的化石证据

虽然红藻和人类截然不同，但如果仔细观察细胞内有没有细胞核，就会发现两者都是“真核生物”。作为一种能思考的真核生物，我们人类总是在追索自己的起源和由来。而“真核生物何时起源”正是这类思考中的一个重要问题。

要知道答案，最直接的证据就是化石了。2017年，瑞典的科学家在印度中部的岩石中找到了16亿年前的红藻化石——它们有的像一根根细丝，有的是叶片状，与今天的红藻几乎一模一样。

更奇妙的是，化石精致到能保存细胞内的结构！红藻细胞内有一种叫“蛋白核”的“器官”，和光合作用有着莫大的关系。印度这些16亿年前的化石，居然把蛋白核也保存了下来，第一次把化石细胞内的复杂结构展现在科学家面前。

这是到目前为止，最确实的真核生物化石证据。科学家现在知道了：真核生物的起源时间至少在16亿年前 。

走进寒武纪大观园

距今 5.4 亿年前，地球开始进入一个叫“显生宙”的新纪元。从那时起，生命不再是一个个单细胞的小东西，它们开始向体形较大的多细胞后生生物发展，把海洋装点得多姿多彩。

小贴士

后生生物

是除原生生物（原始的单细胞生物，它们全身上下只有一个细胞）之外的多细胞生物的总称。它们的身体由许多细胞组成，细胞分群，形态相异，各有分工，共同完成生物体的生命活动。

寒武纪：生命大爆发

寒武纪是显生宙的第一个“王朝”，它持续的时间有 5000 万年之久。

在这期间，生命突破了之前寂寂无声的发展状态，海洋变成了生命演化的“试验田”，史称“寒武纪大爆发”。

这些生命，有的发展出与当今生命相似的身体结构，而更多的则有着让我们吃惊的相貌。在我国云南省澄江县的帽天山上，一层层页岩就像一张张书页，将 5.2 亿年前的海洋之景浓缩其中。奇形怪状的化石五花八门、栩栩如生，被古生物学家称为“澄江生物群”，真可以说是一座“寒武纪大观园”。

下面，就让我们逛逛这座大观园，跟其中三位海洋动物打个招呼吧。

怪诞虫：背上也长脚吗

看看怪诞虫的模样，上下都长“脚”，分不清哪儿是肚皮哪儿是后背。当年，科学家刚发现它时就非常苦恼，觉得这种浑身长脚的生物是“离奇的

白日梦”中才会看见的东西——可是慢着！它真是背上也长脚吗？

其实，怪诞虫还是上下有别的。

它一面的“脚”从身侧的圆形小骨片上伸出来。这些“脚”尖尖的，看上去也比较坚硬，但这其实不是脚，而是长在怪诞虫背上的刺。另一面比较长的，才是真正的脚，大名叫“叶足”。这些肉乎乎的小脚大多长在与刺相对的位置，还有一对长在身体最后方，每只脚上还有一对小爪子。

怪诞虫的脑袋呈椭圆形，脖颈比较细，脖子后方还长着一些“小手”，科学家们称这些手为“附肢”。

怪诞虫只有 2 厘米长。它们的爬行速度很慢，在寒武纪的海底，它们就用这些软软的小脚优雅地踱着方步，过着慢条斯理的生活。

微网虫：浑身都是眼

微网虫离奇，是因为它有很多只眼睛！它们的身体是一节一节的，每一节都背部微隆、表面光滑，一左一右各嵌着一只眼睛。这些眼睛是圆形、卵形或略成菱形的骨片，上面挤满了六角形的图样，像一块小筛子，与昆虫的复眼很相似。

微网虫和怪诞虫的亲缘很近，大一些的可以长到菜青虫大小。它每只眼睛的下方都伸出一只叶足，再加上一前一后各有一对多出来的附肢，可以说微网虫有 22 只脚。这些脚与怪诞虫的脚一样肉乎乎的，还

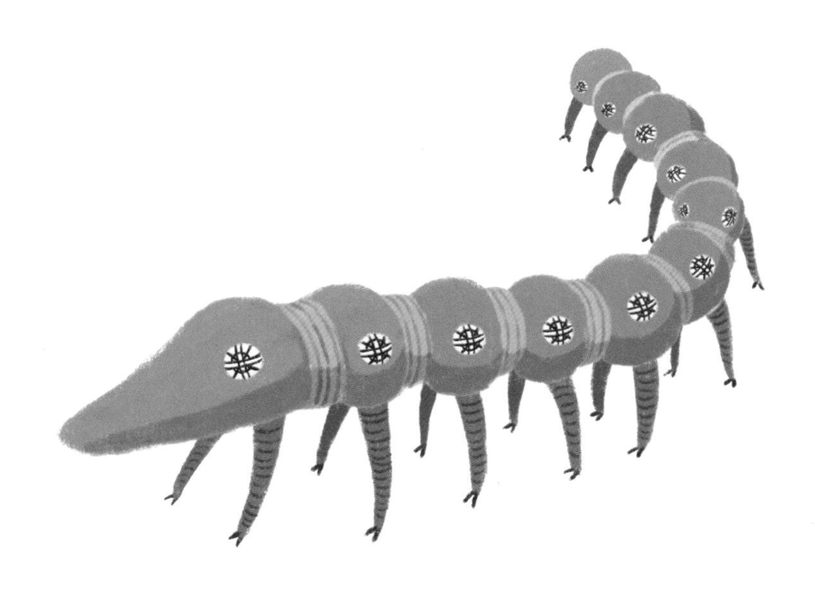

小贴士

营养乳滴

哺乳动物的乳汁，比如牛奶、人乳等，主体是水，另外还有许多营养成分，其中糖、蛋白质、矿物质等可溶于水，还有不溶于水的、由脂肪形成的乳脂球悬浮于水中。人们对照着乳汁的结构，把像乳汁中的乳脂球这样，以小液珠的形式悬浮于水中且不溶于水的液滴，叫作“乳滴”。在海底生态系统中，海水里也经常漂荡着一些富含营养的乳滴，它们可能来自其他生物，比固体生物残骸更容易被吸收。

带着两个小爪，它们可以用爪子扒住其他生物，让自己依附在其他生物身上，静静休息或仰头享用水流带来的美食。

科学家们还不清楚它的口味，也许它喜欢吃活物，也许它是像蚯蚓那样的腐食者，也有可能它偏爱悬浮于水流中的营养乳滴。

仙人掌滇氏虫：行走的“仙人掌”

这是一棵仙人掌吗？错！它可是不折不扣的虫子，名叫“仙人掌滇氏虫”。

它的基本身体构架和怪诞虫、微网虫一致，都是科学家口中的“叶足动物”型。但滇氏虫的脚却不再是肉乎乎的了，它脚蹬“战靴”，长满小刺，20 条腿就像 20 根狼牙棒，一看就不好惹。虽然仙人掌滇氏虫仍和普通的叶足动物一样，在海底爬行，以淤泥为食，但从它一身的披挂和强健的腿就能感觉得到：它比其他的叶足动物警醒很多，十分懂得“防人之心不可无”的道理。

小贴士

叶足动物与节肢动物的区别

节肢动物的身体被分节的外骨骼所覆盖，体节之间的关节可以活动，触角、足、口器等从每节体节上伸出，统称为"附肢"，附肢也分节。昆虫、蜘蛛、虾、蟹等都属于节肢动物。

叶足动物的身体虽然也分节，但像一条软软的蠕虫，一般没有外骨骼包裹，它们的附肢也通常柔软不分节，少数附肢顶端带爪子。叶足动物在寒武纪很兴盛。现代的水熊虫与它们关系密切。

古生物学家认为，这种聪明的虫子，正是叶足动物向节肢动物进化的过渡类型，是包括蜘蛛、昆虫等在内的节肢动物大家庭的先驱。

10万年前，地球上真的有“金刚”

从 1933 年的第一版金刚，到 2005 年《指环王》导演所拍的金刚，再到 2016 年《奇幻森林》里的金刚，电影中这只巨大的猩猩越来越大、越来越逼真。它和哥斯拉一样，代表了几代小朋友心中的怪兽形象，也承载了几代人对环保和人性的思考。

超强猿猴登场

金刚的体形和力量完全压制人类，但无论它有多厉害，毕竟都是人想象出来的。这样的恐怖生物不存于人世，恐怕是有人惋惜，有人庆幸吧。

可是等等！你说世界上从来没有过金刚这样的生物？这句话可值得商榷——巨大的猩猩是有的！

它的名字简单明了，叫巨猿。老家就在亚洲东南部，中国的广西、湖北、四川，还有印度和越南也留下过它的脚印。它们的体形虽然不及电影中的金刚大，但也是身高约 3.5 米、体重 1000 斤左右的巨无霸。这么大的个头，要两位小朋友的爸爸叠罗汉，才能跟它一样高。这样的体重，至少要找十五六个三四年级的小学生才能压得住秤。

不过，你也不用担心发生电影里那样的灾难。巨猿虽然存在过，但早就灭绝啦。它们生活的时代可以追溯到 900 万 ~ 600 万年前，一直到 10 万年前才完全消失踪迹。这些大家伙生活在茂密的竹林里，不仅跟熊猫的老祖宗比邻而居，还和熊猫一样以吃竹子为主，不沾荤腥。

大家可能会觉得奇怪，巨猿都灭绝了，古生物学家怎么还知道它吃什么呢？这就不得不提到巨猿的牙齿了。

药店里找到的巨猿化石

巨猿的化石其实非常少，大多都是一颗颗的牙齿，此外还有几副颌骨——也就是完整保存牙齿的牙床。这些化石最早是德裔荷兰籍古生物学家孔尼华从药店里淘到的。

之所以会在药店里发现化石，是因为我们中国人的中药里，有很多奇奇怪怪的药材——有一味药叫“龙骨”，其实就是一些动物甚至古人类的骨头化石。

1935 年，也就是第一版《金刚》电影上映两年后，荷兰的这位古生物学家在香港的中药铺子里寻找“龙骨”，竟然真的找到了一枚非常大的类人猿牙齿。这个发现拉

婆罗洲猩猩

1.4 米
100 千克

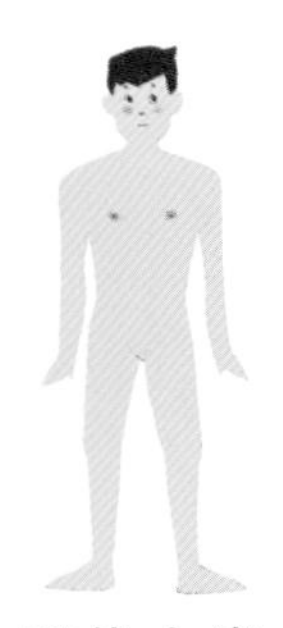

现代人类

1.65 米
62 千克

东部大猩猩

1.65 米
200 千克

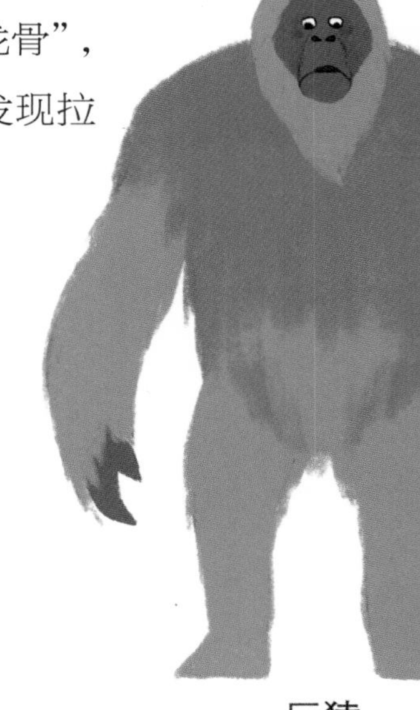

巨猿

3.5 米
540 千克

开了认识巨猿的序幕。这位学者遍寻中国的中药铺，收集到了一些巨猿牙齿和颌骨。他用自己的知识，从这些零星的材料出发，由小见大，描绘出了这种动物的形象，并且给它起了“巨猿”这个霸气的名字。

巨无霸原来吃素

牙齿小而坚硬，是人、类人猿、牛、马、剑齿虎等哺乳动物身上最容易保存成化石的部件。因此研究古哺乳动物的学者经常自嘲，说自己是“牙医”。不过这牙医可不是白当的——巨猿不刷牙，它牙齿上的划痕、结石和牙缝里塞的食物残渣都能告诉科学家，它生前吃什么，什么是主食，什么是副食。所以科学家们才会知道，这些远古的金刚其实是人畜无害的素食者。

科学家还告诉我们，巨猿的确曾经和人类的老祖宗——名为“直立人”的古人在同一个时代里生活过。也许几十万年前，人和猿之间真像电影里演的那样，有过非同寻常的爱恨情仇。

金刚

7.5 米
20000~60000 千克

06

猛犸灭绝的原因是久旱逢甘霖？

在干旱的北方，一场温润的细雨会让灰头土脸的花花草草立刻挺直腰杆，变得容光焕发。湿润的气候、充足的雨水，能滋养出繁茂的草木，带来勃勃生机。古往今来，雨水不知得了人们多少赞美。可是根据最新的研究，温柔的斜风细雨也当过种族灭绝的大杀手呢！曾经广泛分布于欧亚大陆和美洲大陆上的巨型食草动物，比如猛犸、巨型树懒，可能就是因为冰川时代末期的湿润天气而灭绝的。

氮原子揭露的大秘密

要研究已经灭绝的动物，古生物学家一般只能对着干巴巴的石头下功夫；但是研究像猛犸这样第四纪才灭绝的动物就“幸福”多了——它们灭绝的时间还不长，有很多骨骼甚至尸体保存在北方寒冷的永久冻土带里。

澳大利亚有家研究中心就专门研究保存在冻土里的古生物DNA。有一天，他们灵机一动，不再只测DNA，转而检测了胶原蛋白里的氮原子。这一测不要紧，一个隐藏很深的杀手就被揪出来了。

氮原子有两种稳定的同位素：氮14和氮15。环境变化会让土壤中的这两种同位素的比例发生变化，气候越干旱，氮15的比例就越高。而土壤中的氮同位素比例发生变化时，土壤中长出的植物也会随之改变，植物被动物吃掉，又改变了动物身体里的氮同位素比例。所以，科学家测定氮原子的氮同位素比例，就能判断动物生活的环境是干

小贴士

第四纪

开始于260万年前，是地质时代中最新的一个纪，包括更新世和全新世两个世。更新世是个大冰期，那时地球被巨型哺乳动物如猛犸、剑齿虎等统治。1.2万年前，气候转暖，全新世开始，巨型哺乳动物相继灭绝，地球进入人类的时代。

燥还是湿润，以及当时大致生长着什么类型的植物。

科学家们研究了 511 例精确测定过生活年代的骨骼，发现在距今 1.5 万～ 1.1 万年前，有个非常明显

的气候湿润期，欧洲、西伯利亚、北美和南美的草原都受到了影响。

而这个时期，正是巨兽们走向灭绝的时期。

是谁杀了猛犸

在这个湿度高峰期内，地貌发生了翻天覆地的变化：巨大辽阔的冰盖崩塌融化，留下湖泊和河流；海平面上升，风向和洋流的改变把雨水带到了曾经干旱的内陆。于是，被广袤草原覆盖的大陆，变成了森林和沼泽。什么？你说森林和沼泽里的植物不是更茂盛吗？为什么像猛犸这样的食草大型哺乳动物会灭绝呢？

其实，比起森林，还是草原对食草动物更加友好。草原和食草动物是好伙伴，草原给食草动物提供食物，食草动物担任了草地上的垃圾清理工和肥料制造者。而森林里的植物就"恶劣"多了——许多森林植物会产生有毒物质，不让动物来吃。科学家一直在讨论森林的扩张是不是导致这些大型食草动物灭绝的凶手。

现在，证据来了：湿度上升、森林扩张不仅仅和巨兽们的灭绝同时期发生，而且全球各处都出现了这种现象。既然每个凶杀现场都发现了它的足迹，至少被列为重要嫌疑人一点儿都不冤枉。

被破解的“非洲之谜”

关于一万多年前的巨兽灭绝，还有个“非洲之谜”：在其他大陆上的巨兽纷纷灭亡的时候，为什么非洲大陆的巨兽，比如河马、大象、角马却躲过一劫，生活到了现代？

有人说，这是因为非洲巨兽是和人类一起进化的，所以更善于应付人类的猎杀。然而这种说法经不起推敲——比如存在同样情况的欧洲，尼安德特人至少在欧洲生活了20万年，欧洲的巨兽也在人类的屠刀下修炼过，却没能躲过灭亡的命运。

如果湿润的气候是凶手，这个现象就好解释了。非洲横跨赤道，中心的森林一直都被两侧的草原包围，草原不曾消失，草原上的巨兽也就没有灭绝。

提到气候变暖，我们总会想到干旱和饥荒，现在看来“久旱逢甘霖”也未必是好事。剧烈的环境变化——不管是变得干旱还是湿润，都是生命不能承受之重。

07

“天生反骨”的鸟：反鸟

中国古代有一种迷信的说法，说人若脑后生反骨，就必有一天会对主上不忠。在《三国演义》这部小说里，诸葛亮就曾说大将魏延有反骨。

说人类头上长反骨，其实有些荒唐；但在遥远的过去，确实有一类鸟，因为长着两块与今天鸟类相反的骨头而被叫作“反鸟”。

反鸟的“反骨”在哪里

这两块骨头并不长在鸟的脑后，而是和鸟类的飞行能力密切相关。

鸟和人一样，身体两侧各有一块肩胛骨。在人身上，肩胛骨的侧前方连着一块小小的突起，像一只尖尖的鸟嘴，叫“乌喙突”。而在鸟儿身上，“乌喙突”却不是这么不起眼，它是一块长长的“乌喙骨”，与肩胛骨相夹，勾连起鸟身上最强健的两块飞行肌肉，让鸟可以扑扇翅膀自由飞翔。

大家如果喝过大骨汤，啃过煮汤的筒子骨，恐怕会对突起的关节头留下很深的印象。骨头和骨头连接的部位，常常是一头凸一头凹地咬合在一起。在中国传统建筑中，用于不同部件间相连的“榫卯结构”就是这样。

在今天的鸟类身上，肩胛骨一头突起，楔入乌喙骨

一头内陷的凹槽里；反鸟却是恰恰相反，是肩胛骨一头凹陷，被乌喙骨的一头楔入——这，就是它的“反骨”。

反鸟和今鸟

有反鸟，那么与之相反的正常鸟类是不是叫“正鸟”呢？这个思路挺有意思，可惜正常的鸟类已经有了自己的名字，叫“今鸟”——也就是“今天的鸟类”。今鸟和反鸟共同构成“鸟胸类动物”这个大类群，两者都是在1.3亿年前的早白垩世出现在地球大舞台上的。

虽然肩侧的骨头长反了，反鸟的飞行能力却和今鸟一样强。在这两种鸟类之前的原始鸟类都是“地域性”的物种，也就是说，它们只在很小的一块地方繁衍生息，因为它们的翅膀不够有力量，飞不远，无法带它们跨越高山和海洋。比如始祖鸟只待在德国，而目前已发现的其他原始鸟类只居住于中国东北地区和朝鲜半岛。

今鸟和反鸟却突破了这种地域限制，在整个白垩纪里，它们飞翔的身影遍布全球。

灭绝，只因运气太差

可惜，白垩纪末的一场天灾挡住了反鸟前进的脚步，它们和恐龙一起灭亡了。

为什么只有今鸟的老祖宗活下来了呢？因为“反骨”作祟？肯定不是。

很多科学家认为，在白垩纪末的大灭绝事件中，陆地上超过 90% 的生物都死去了。打个比方，假设反鸟和今鸟各有 1000 种，大灭绝让反鸟全灭，而今鸟死了 999 种。其实无论是反鸟还是今鸟，都几乎灭绝，损失惨重，至于今鸟能剩下一种，恐怕是有一群正好待在地洞里，躲过了最难熬的时光——简单地说，就是运气好。

这个解释还没有找到直接的证据，所以并不是所有科学家都承认这种说法，他们仍想从反鸟自己身上找原因。反骨虽然不妨碍飞行，但或许存在着其他问题呢？

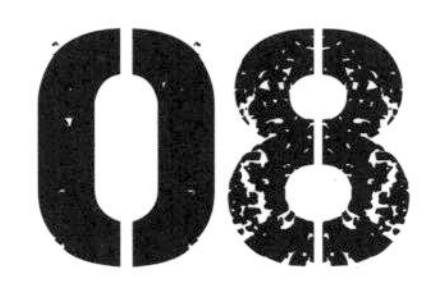

到底是“白垩纪”还是“白垩世”

很多大朋友、小朋友都会问一个问题：听别人介绍恐龙和古环境的时候，怎么一会儿说是“白垩纪”，一会儿说是“白垩世”？电影《侏罗纪公园》里不是“纪”吗？“世”是不是错了？

可以负责任地告诉大家：这两个用法没有错误，都是正确的。但“白垩世”这类词不能单独说，前面要加“早、中、晚”来说明。

每个时代的名字

我们说人类历史的时候，会用“铁器时代”“青铜时代”等词来区分年代；可要是再往前追溯到人类还没有文字，甚至人类还没诞生的时代，历史应该如何分期呢？

科学家们研究了地球上的沉积岩，按沉积岩从老到新的顺序，把地层划分为不同的单元——这就是“年代地层”。不同的年代地层对应不同的“地质年代”——也就是地球沉积这段地层所耗费的时间。

通过这个办法，再结合近百年来发展起来的物理手段，科学家们发现地球已经有46亿岁高龄。然后，他们把这段漫长的时间根据年代地层先粗分再细分，并分别给对应的地质年代起了不同的名字。

“纪”和“世”的关系

小贴士

有兴趣的小朋友可以翻到这本书最前面的“地球生命的诞生”，仔细看看地质年代的划分哦！

我们常听到的“侏罗纪”和“白垩纪”属于地质年代系统中的基本单元——“纪”这一级的单位——也就是地质学家粗分的地质年代。而“晚三叠世”“晚白垩世”等，则是把“纪”细分后得到的下一级单位——“世”。比如科学家们把侏罗纪一分为三，按时间的早中晚，自然就是“早侏罗世”“中侏罗世”和“晚侏罗世”了。另外，比“纪”大的单位还有“代”和“宙”，比“世”小的单位还有“期”。

09

神龙翼龙：白垩纪的巨型天神

翼龙，曾经是称霸天空长达 1.6 亿年的霸主。它们的名字里有个“龙”字，却不是恐龙；虽然与恐龙生活在相同的时代，却只能被当作“会飞的爬行动物”。这种奇特的生物，是不少小朋友喜欢的远古生物。

翼龙有大有小。小的如森林翼龙，只有麻雀那么大；而大的翼龙，就是本文要介绍的主角——神龙翼龙了。

为什么飞行动物翼龙被分在“爬行动物纲”？

生物的分类名称是早期的科学家定的。虽然翼龙会飞，鱼龙会游泳，但都与最早被定名为“爬行动物”的那一类亲缘更近。换句话说，如果最早定名时依据的是翼龙，那么也许今天所有鳄鱼这样的爬行动物就要叫“飞行动物”了。

展翼翱翔的庞然大物

神龙翼龙科的翼龙都是白垩纪的大家伙，是地球上出现过的飞行动物中最大的。它们属于爬行动物纲翼龙目翼手龙亚目，最早见于 1.4 亿年前的早白垩世，但大多数都生活在晚白垩世，即约 9000 万 ~ 6500 万年前。

神龙翼龙中最受人瞩目的两个属，当数“风神翼龙”和“哈特兹哥翼龙”。

风神翼龙发现于北美。根据残留的翅膀骨骼化石，科学家对它的翼展——也就是两翅展开后从左到右的长度进行了估算，最初给出了 11 米、15.5 米和 21 米三种结果，目前最可信的估算值在 10 ~ 11 米。哈特兹哥翼龙常被说成是翼龙中最大的巨无霸，翼展估计在 12 米左右。这样的大小，真可以媲美一架歼击机了。

小贴士

分类群

为了区分生物之间的亲缘关系，生物学家根据生物形态、基因等特征的相似性，将它们划归不同的“分类群”。分类群一般分为“界/门/纲/目/科/属/种”七个级别。

小贴士

真正能上下振动翅膀、进行主动扑翼飞行的动物在地球历史上只出现过四次，留存至今的有昆虫、鸟和蝙蝠，还有一种就是已经灭绝了的翼龙。

研究发现，风神翼龙会吃霸王龙的幼仔！

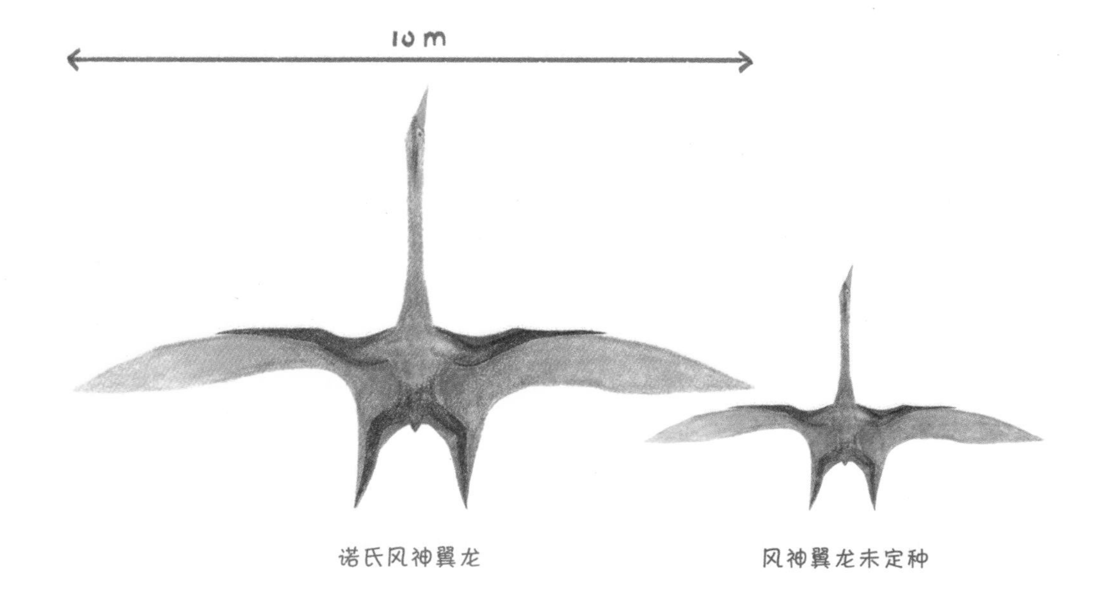

奇特的孔洞骨骼

哈特兹哥翼龙仅发现过一种，是在现在罗马尼亚的哈特兹哥盆地发现的，“哈特兹哥”这个名字就标明了它的出身。

2002 年，法国和罗马尼亚的古生物学家为这些奇特的化石定名，仅从一块只保留着后半部的头骨和一截左肱骨的末端，就复原出了这个 6500 万年前的庞然大物。

据估算，哈特兹哥翼龙的头长达 2.5 米。为了减

轻重量适应飞行，这种翼龙“聪明”地将自己的骨头重新设计了一下：它的骨骼中充斥着孔洞，有的洞直径甚至有 1 厘米。骨头本身由“骨小梁”这种异常轻薄的基质构成，像泡沫塑料一样。

难逃灭绝命运

在晚白垩世，哈特兹哥翼龙生活的地方是特提斯洋中的一个岛屿，地理、地质和气候条件都与今天的海南岛有些相似。

科学家认为，神龙翼龙科的大家伙们一般都生活在海风呼啸的海岛和断崖上。它们凭借海风翱翔于天空，在陆地上歇脚时却头重脚轻、步履蹒跚。

它们拥有令人惊叹的身形、征服天空的霸气，却被小岛的海风娇惯，最终走入了进化的死胡同，归于沉寂。

小贴士

特提斯洋

海洋和人一样，有诞生、成长和死亡的过程。特提斯洋（或者“古地中海”）是一片仅存在于中生代的古海洋。它于 2.5 亿年前的三叠纪出现，在恐龙大发展的侏罗纪和白垩纪成长为世界上屈指可数的大洋。从 1 亿年前的晚白垩世开始，特提斯洋慢慢闭合，并被大西洋、印度洋等新兴的近现代海洋所代替。如今的地中海、黑海、里海、咸海等，可能就是古特提斯洋“死亡”后的遗迹。

最早的人类祖先，是海底一粒蠕动的砂

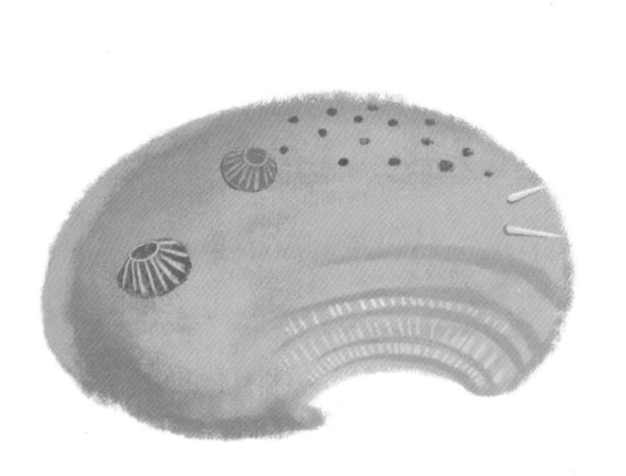

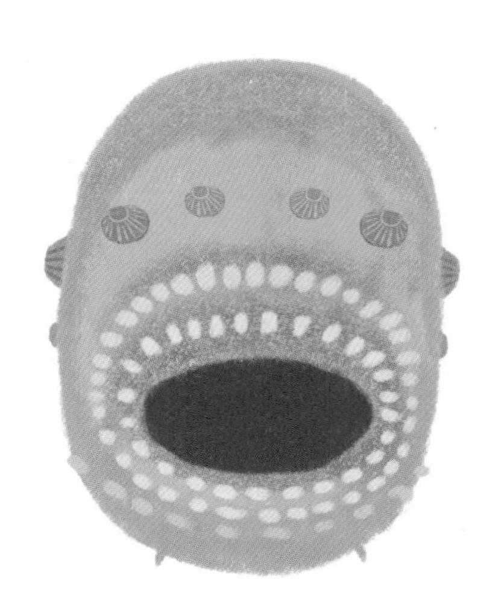

2017 年新年伊始，我国古生物界就公布了一个超级重磅的发现——“我国科学家发现微型人类远祖至亲”。这个发现让世界古生物界都为之震动，算得上是西北大学和中国地质大学的古生物学家们给大家献上的新年礼了。

不过，很多小朋友可能要看不懂了：什么叫“微型人类远祖至亲”？难道，是发现了超迷你的古猿吗？

人类的祖先其实有很多

也许有人会奇怪：人类的祖先不是古猿吗？内行一点儿的可能还会说：古猿的时代太近了，寒武纪才够远吧？听说寒武纪的“天下第一鱼”才是人类祖先呀。

这两种说法都对。因为生物是慢慢进化的，最早的简单祖先，会演化出形态各异的复杂生命形式。所以越靠近源头，生命的形式就越趋向于单一——这就像一棵树，年代越久远的祖先，越靠近树干；而越往后的生命就越向不同方向的树梢走，占据树冠上各个位置的枝头。

我们可以把生命进化的历史，画成一棵“进化树”。

进化树：生命的“家谱”

古生物学家的一个主要工作，就是帮地球所有的生命修家谱，弄清楚进化树都在哪里分叉。

小贴士

天下第一鱼

“昆明鱼”是发现于云南昆明市附近地层中的化石。这种生物生活于 5.2 亿年前的寒武纪，头部有鳃，身上长鳍，科学家认为它是最古老的长有脊椎骨的动物，是最古老的鱼类，被誉为“天下第一鱼”。

小贴士

所有昆虫都是原口动物，不过，蜘蛛、蚯蚓不属于昆虫哦。

200 多年来，科学家们顺着“人类”所占据的枝头，一级级向树干追溯，以一些重要的生物特征定位分叉点。这每一个分叉点附近的生物，都称得上我们人类的祖先。

在众多分叉点中，有一个非常重要的基本点，由它分出的两种动物类型，都会在胚胎发育为一团细胞球时出现一个沟通内外的孔洞。如果这个洞最后发育成嘴，就是“原口动物”，比如昆虫、蜘蛛、蚯蚓、河蚌等；如果在这个洞的后方另外长出一张嘴，洞本身发育为肛门，就称为“后口动物”，海星、鱼乃至人类都属于后者。

后口动物中的人类祖先

这次发现的人类祖先，就是科学家们目前能追溯到的、最古老的后口动物。

它名叫“冠状皱囊虫”，发现于陕西，生活于 5.35 亿年前的寒武纪初期，比号称“天下第一鱼”的昆明鱼还要早 1500 万年。“天下第一鱼”昆明鱼尚且有 3 厘米长，比得上一只蝌蚪，被著名古生物学家舒德

干院士称为“刚刚创造出头脑和原始脊椎的‘宏型’祖先”。“宏”就是“大”的意思，是相对于“微”而言的。如果说宏型生物肉眼可见，那么微体生物就是些肉眼看不清的小不点了。作为一种微体生物，皱囊虫的身体只有 1 毫米长，确实就像一粒微尘，栖息于海底的砂粒间。

不过这粒“微尘”却很不简单。西北大学的古生物学家韩健把它放在显微镜和 CT 下观察，发现它长得圆滚滚的，还有一张大嘴巴，嘴巴外面环绕着几圈

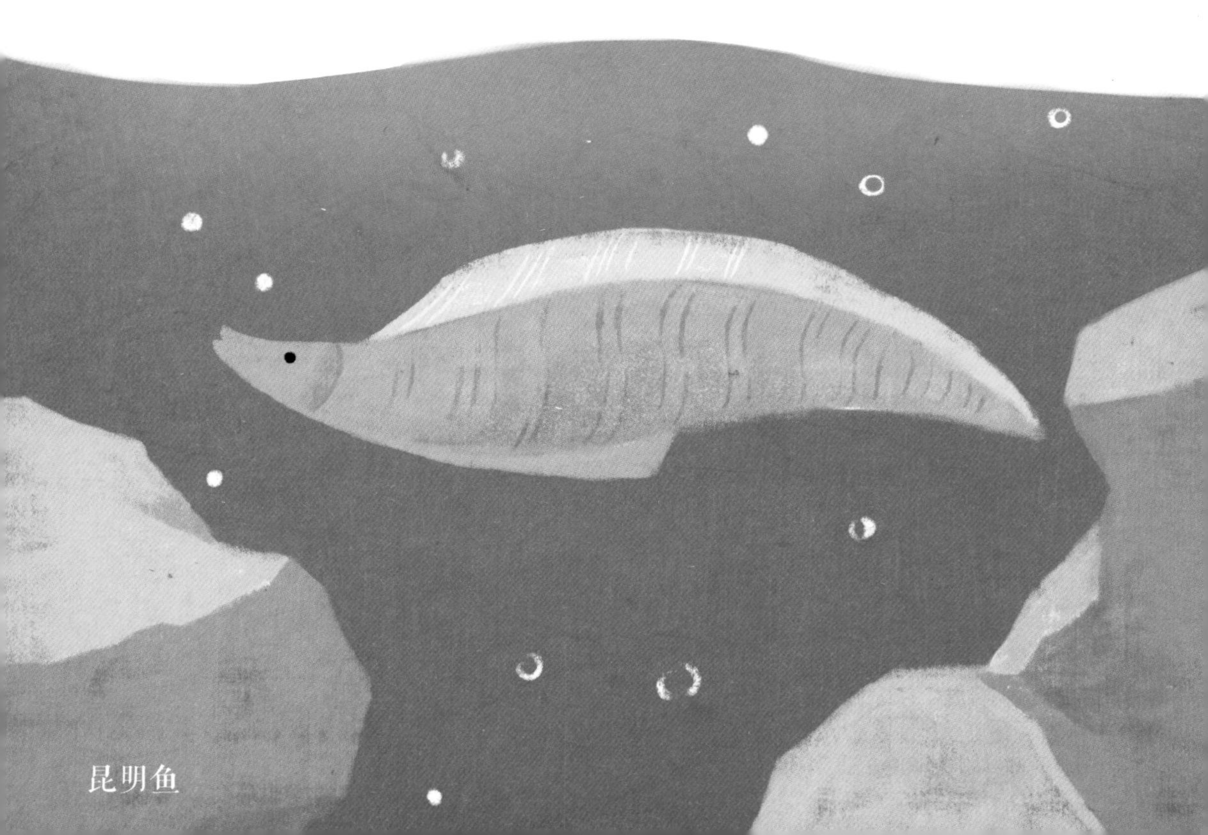

皱褶，就像穿了几根皮筋的裤腰。科学家们认为，这几圈皱褶确实就像皮筋，放松了，皱囊虫就大口进食；收紧了，它就闭嘴消化，就像个口袋似的。“皱囊虫”这个名字还真是名副其实。

而在这些小东西的身体两侧，各有四个微型“火山口”——它们跟鱼的鳃起着相似的作用，能把嘴吞进去的水排出体外。这些最古老的鳃孔意义非凡，正是识别后口动物的重要特征之一，也是将皱囊虫定为鱼类乃至人类祖先的关键所在。

此外，皱囊虫口袋一样的身体还拥有一层不错的表皮，这层表皮不但结实，还很有弹性。科学家据此推测，皱囊虫可以通过伸缩表皮的方式在海底蠕动身体。虽然做不到想怎么动就怎么动，但好歹不再随波逐流，拥有了主动运动的能力。瞧它们身上的刺，也许就像触角和吸盘，不仅能帮它们感知周遭的环境，必要时还能把自己固定在海底。

大风起于青蘋之末，一粒在寒武纪海底蠕动的“砂”掀起了动物界的大变革。要进化为最早的人类，还得经历5.35亿年的时光。尽管如此，小小的皱囊虫，已经把生命带上了通往智慧的征途。

11

走下树，站起来，走出非洲

人类的老家在非洲，人类曾经两次走出非洲。

从树栖的古猿到成为直立行走、头脑聪明的现代人，我们花了400多万年。

地猿
（400万年前）

南方古猿
（380万年前）

能人
（210万年前）

直立人
（190万年前）
智人
（20万年前）

第一个里程碑：从树上到地面

距今 600 万 ~ 400 万年前，非洲气候湿润，生长着茂密的树林。

最早的古人类，如乍得沙赫人、图根原人、地猿等，在树上生活时学会了伸直后腿、用后足蹬树干以借力的运动技巧，开发了后腿的功能。他们时不时翻下树梢，尝试在地面上用后腿直立行走，使自己既适应树栖生活，又适应地上运动。

400 万年前的地猿，正是猿与人的分界点。

第二个里程碑：尝试直立

从 380 万年前开始，非洲的气候慢慢变得干燥，再也无法孕育出大量森林。树木渐渐减少，非洲大地变成了巨大的草原，只有稀疏的树木在其上生长。

南方古猿、能人等古人类相继出现，他们摸索着在这个新的世界生存。失去了树木的庇护，他们的住所不再安全；没有了树木提供的果实，他们需要寻找更可靠的食物来源。他们离开了以前赖以生存的树木，长久地用后腿支地，直起身子，加宽视野，以注意敌人、寻找食物。

第三个里程碑：直立行走

190 万年前，我们祖先的身材变得高大，身体的比例变得更像现代人。他们有了新的名字——直立人。

至此，人类几乎学会了直立行走的所有要点，其步态与现代人已经鲜有差别。直立行走技能臻于完美，意味着人类具备了长途奔徙的能力。他们变得适于走长路、善于奔跑。这既让他们遇险时容易逃命，也有利于他们追捕猎物。

第一次“走出非洲”

点亮新技能的直立人，一部分留在非洲，一部分追逐着迁徙的动物走上背井离乡的征途——这就是人类历史上第一次“走出非洲”。

第一批直立人从 180 万年前开始走出非洲，向东穿过茫茫的欧亚大陆，在格鲁吉亚、印度、斯里兰卡、中国和印度尼西亚都留下了生活的痕迹。包括北京人、爪哇人在内的直立人都是这次大迁徙的结果。他们在亚洲安家，过着与世无争的生活。

到 60 万年前，第二批直立人从非洲迁入欧洲，成为日后尼安德特人的祖先。

第二次“走出非洲”

时间快进至 20 万年前，留守非洲的这支直立人，演化出了与今天的现代人在解剖结构上一样的智人——这是一种脑容量更大，更懂得协作捕猎的新型人类。

他们一出现就迅速迁移，开始了人类历史上第二

次“走出非洲”。智人与欧洲的尼安德特人、亚洲的直立人遗民打打和和，把自己强大的基因注入子孙的血脉。到如今，尼安德特人的基因还存在于很多现代人的染色体中，只是变得异常稀薄了。

这，就是我们祖先从非洲大陆走向世界的历史。

12

180万年前，一场说走就走的旅行

25 年前，格鲁吉亚出土了一大批古人类化石。这个国家地处欧亚交界，距有“人类的家乡”之称的东非不远。这些化石代表着 180 万年前的古人类，理应属于直立人—— 也就是和北京猿人洞的“北京人”相似的人种。

可奇怪的是，他们脑子太小，个头太矮，相貌太原始；他们不会使用火，甚至连制作的石器都太粗糙，完全达不到直立人的水准。

所有的古人类学家都在问：他们从哪里来？他们是谁？他们的后继者又去了哪里？

从非洲到欧亚

世界各地的古生物学家像盲人摸象一样，有的研究头骨，有的研究腿骨，有的研究古环境……他们最终合起来开了个大会，互相交流，然后把研究所得综合在一起，终于能解答上面那三个问题了。

这些格鲁吉亚的古人类和200多万年前生活于非洲东部的一种早期人类外形相似，但他们嘴里的牙齿却更像进步的亚洲直立人。他们牙齿上的痕迹说明他们爱吃肉，还喜欢用牙咬裂动物的骨头，吃里面的骨髓。动物会迁徙，会跋涉千里寻找水草丰美的地方，而这些爱吃肉的古人类，恐怕就是从东非出发，一路追着猎物北上，离开丰饶炎热的非洲，踏入了亚欧大陆的风雪。

格鲁吉亚的古人类是目前已知的第一批走出非洲的原始人。

为生存进击

这场迁徙是一场说走就走的旅行。

出发前他们没有准备，没有锻炼；他们还不够聪明，大脑只有现代人的一半；他们走得还不稳，脚趾的形态说明他们像鸭子一样摇摇摆摆；他们不会生火取暖，不会缝制衣物，没有好工具，不懂搭房子……在他们北上时，地球已经进入冰川时代，亚欧大陆又比东非寒冷，他们是如何生存的呢？

让我们想一想：人要在苦寒之地生活下去，最需要的东西是什么呢？是暖气、羽绒服，还是温暖的房屋？这些都是不愁吃穿的现代人的答案，而古人类最需要的是——食物。食物是生命的燃料，吃下东西，才能确保大脑清醒、身体温暖。

处于赤道地区的东非，没有明显的四季；没肉吃的时候，吃素也能喂饱肚皮。但远离东非的北方大陆夏荣冬枯，冬日冰封的大地不能供应多汁的植物。对这些古人类来说，没食物吃，是饿死；放手一搏，最坏结果也就是死。于是那些为食物而进入格鲁吉亚的祖先们，为了对付严寒，又开始为食物而改变——他们向猛犸投掷石块，向狼举起锋利的石刀；他们打量剑齿虎和鬣狗的目光，和这些猛兽们打量猎物的目光一模一样。

在寒冷的荒原上，他们以进击的姿态生活，接受大自然的挑选，留下最强壮的后代，然后不再回头，继续追着猎物向东进发。

云南的元谋、河北的泥河湾，还有印度尼西亚的爪哇岛，都留下了这些先驱者的脚印。180 万年前一场说走就走的旅行，最终演变成轰轰烈烈的拓荒运动，严冬也把温和的非洲祖先打造成了骁勇的猎手。

最苦的经历，最终化为镌刻于化石中的最甜的人类记忆，也让我们记住了他们——这些非洲的孩子，欧洲的养子，亚洲的征服者。

13

别小看一万年前的这罐野菜汤

下面要讲的主角是一罐野菜汤。

它不能喝，因为早就过保质期了——那是在大概一万年前，人类祖先煮的一罐野菜汤。有些报道里面还说，在这个罐子里发现了丁香、桂皮和八角，听起来就好像一万年前人类已经开始吃火锅了……这是真的吗？

尘封万年的野菜汤

这些野菜汤保存在今天的利比亚，毗邻撒哈拉沙漠。想当年，这里也是气候宜人、水草丰美的地方，而且还没有雾霾。在这里，人类祖先过着上山打猎、下水捉鱼的生活。

但是问题来了：动物毕竟是有限的，而打猎还需要技术和运气，保证不了百分之百的成功率，怎么办？

很简单，那就吃野菜好了——用罐子煮着吃。

不过，英国布里斯托大学领衔的科学家们是如何知道这个罐子煮过野菜呢？科学家叔叔，难道你们是舔罐子尝出来的吗？No，No，No，当然不是了。我敢打赌，就算是超级味觉者，肯定也尝不出一万年前的野菜汤的滋味。那他们如何知道古人喝过野菜汤呢？

时间密码：奇妙的碳元素

科学家们是通过分析陶罐碎片上残余的物质得出结论的。

那些盛放、烹调过植物食材的罐子上，总会残留

小贴士

放射性碳同位素测年代的原理

自然界常见 3 种碳的同位素，按照质量由轻到重，分为碳 12、碳 13 和碳 14。碳 14 的性质不如前两者稳定，会自动“变身”成其他元素，同时放出射线和能量，这种性质就是“放射性”，而放射性同位素变身的过程就叫“衰变”。

自然界中没有放射性和有放射性的碳同位素比例恒定。有生命的生物体会呼吸、会代谢，身上的细胞时刻与外界互通有无，放射性碳同位素——碳 14 的比例不会发生变化。一旦生物死亡，遗体中的物质就不和外界交换了，里面的碳 14 不断衰变，外界的碳 14 不再补充进来，碳 14 的比例就会随时间不断下降。因为衰变的速度是有规律的，所以科学家就可以根据生物遗体内外的碳 14 差值计算生物死亡的时间。

着很多植物性的脂肪酸和蜡质。再通过鉴定这些成分中的“放射性碳同位素”含量，就可以知道它们是 8000 年前的植物留下的痕迹了。

鉴定后科学家发现，这些成分不仅来自陆生植物，还来自水生植物——古代人类还真是不挑食。

远古吃货们的伟大发明——烹饪

人类是典型的杂食性动物，动物类食物和植物类食物共同组成了我们的食谱。

相对来说，动物类的食物比较安全；但是植物就没有那么友好了。要想把植物纳入食谱，必须解决两个大问题：一是毒素的问题，二是消化的问题。

植物不会跑、不会跳，但是它们不会逆来顺受，不会傻傻地等着动物去吃它们。绝大多数植物都装备了五花八门的化学毒药，来防备动物啃食。最具代表性的有蕨菜和杏仁中的氰化物杀手，还有马铃薯、番茄中的生物碱魔头，比起来柚子家的苦味物质都算是温和的成分了……面对这些厉害植物，许多动物只能退避三舍了。

有些植物的籽粒倒是没有什么毒性，比如水稻、小麦、狗尾草的种子，都是富含营养又无毒的食物来源。但是，人类的消化系统并不是专业的植物性消化系统，跟马、牛、羊这些专业食草选手比起来，真的是差太远了，完全无法消化这些植物籽粒。

看着随处可见的植物食材却无法入口，怎么办？人类祖先有了重大发现——煮东西吃真是一个一举两得的好办法。烹饪的意义就在于解决了这两个大问题：长时间的高温蒸煮可以破坏植物中的大部分氰化物和生物碱；与此同时，长时间的水煮也可以改变植物种子中淀粉和蛋白质的结构，让它们变得更容易让人类消化吸收。

寻找食物的一小步，进化的一大步

参与“野菜汤”研究的科学家还说，这个发现的意义并不仅仅是证明“人类很早就会做饭”这么简单，而是显示人类在很久之前，就开始想办法来扩展自己的食谱范围。所谓“兵马未动，粮草先行”，充足的食物来源对于人类走出非洲，冲向全世界，成为地球上的明星物种发挥了奠基石的作用。

哎呀，真想不到，一罐野菜汤经过科学家一分析，就成了通往新世界大门的钥匙了。

最后，附带要纠正一下某些媒体的报道。这篇论

文明明只是说在陶器上发现了植物的脂肪酸和蜡质，压根就没有提到有什么香料。八角、桂皮和丁香的原产地都在亚洲，8000 年前怎么可能被运到撒哈拉沙漠里面去呢？

那是砾石？咸菜疙瘩？不，那是恐龙大脑

2004 年的一天，一个化石猎人在英格兰东南部踽踽独行。他眼神锐利、扫视四方，突然，地上一块手掌大小的黄褐色石头吸引了他的注意。

小贴士

化石猎人

不同时间生存着不同的生物，只要认出代表特定时间段的地层沉积物，就可以找到特定的化石种类。具备专业化石知识的人，能够据此挖掘心仪的化石，他们就是化石猎人，其中既有古生物学专家，又有业余化石爱好者。

看似石头的珍贵化石

这不是普通的砾石。

它表面残留着远古生物大血管的痕迹，交织着古老的胶质和毛细血管网络，就连外层的神经组织也清晰可见——这是 1.3 亿年前一头白垩纪禽龙的完整大脑，也是迄今为止发现的第一块恐龙大脑化石。

吃火锅时涮过猪脑的小朋友们肯定知道：大脑是一种柔软的组织，如果没有头骨保护，就会像嫩豆腐一样易碎。

这么脆弱的组织，经过 1.3 亿年的漫长时光，居然仍旧以化石的形式保存下来，这可以称得上是奇迹了。

恐龙大脑化石是怎么形成的?

一般生物形成化石的有利条件有两个：一个是生物本身拥有坚硬的身体，比如海螺的壳、恐龙的骨头、树木的茎干等；另一个是生物被快速掩埋、与空气隔绝，这样它就不会马上腐烂发臭，也不会被细菌、真菌完全分解。

有的时候，生物死亡后会遭遇特殊环境，以至于身体中的软体部分也能保存下来，这就叫“特异埋藏”。

比如那块大脑化石的主人——某只倒霉的禽龙，死的时候就陷进了沼泽地里。沼泽中的烂泥具有酸性，普通细菌和真菌无法生存，于是禽龙的遗体就不会腐烂。这个过程类似于南方人冬天腌咸菜和腊肉，设置一个不容易滋生细菌的环境，咸菜和腊肉就不容易坏，可以吃一冬天。

大脑虽然不会腐坏，但沼泽中的矿物质会慢慢渗进大脑。随着岁月流逝，坚硬的石质会替代掉原来的软组织，同时把原来的大脑结构非常精细地复制出来，这就是大脑化石了。恐龙大脑化石非常珍贵，英国古生物学家们小心地用 CT 检查它，这样一来，即使不敲开化石，也能看清楚它的内部结构。

来自古老大脑里的信息

禽龙是以植物为食的鸟臀目恐龙，可以在“两足着地”和“四足着地”之间自由切换。它的两只“手”各有一根竖起的尖利拇指，是它自卫的武器。

CT 检查的结果发现，它的大脑与鸟类很相似，但

也具有鳄鱼的部分特征；而且脑容量似乎比科学家们预计的大，这说明：它可能比我们想得更聪明。

禽龙大脑研究小组的前领导人布拉瑟教授在 2014 年因为车祸意外丧生。两年后，他的同事们终于完成了他未竟的事业，让全世界了解到第一块恐龙大脑化石和它记录的信息。

让我们感谢这群科学家的慧眼吧。毕竟，许多伟大的事物在最开始出现时都像咸菜疙瘩一样平淡无奇。

15

戈壁滩上的巨大脚印

2016 年，日本和蒙古的古生物学家在戈壁沙漠里发现了一只大脚印。它有 1 米长、0.8 米宽！这么大的脚丫子，要是被踩一下，基本上会变成肉泥吧……

不过这只脚印的主人已经死去几千万年了。古生物学家说，这只脚印是一种叫“泰坦巨龙”的恐龙留下的。这么大的脚印化石，算得上是全世界最大的恐龙脚印之一了。

体形庞大的温和巨龙

泰坦巨龙生活在 9000 万 ~ 7000 万年前的白垩纪晚期。它们身躯庞大，可以长到 30 米长、20 米高，相当于 12 个成年人身高的总和。

科学家们曾经在南美洲发现了 6 具泰坦巨龙的骨架。经过测算，发现一只泰坦巨龙的体重可达 77 吨，抵得上 10 只霸王龙！但是如果能搭乘时间机器回到白垩纪，我们就会发现，完全没必要害怕这些庞然大物——泰坦巨龙是温和的植食性恐龙，只要离它们远一点儿，留心别被踩到就行啦。

它和小朋友们熟悉的梁龙一样，属于蜥脚类恐龙：脖子又细又长，轻而易举就能吃到高大树冠上的枝叶；四只大脚着地，无论是站是走都稳重优雅。

虽然泰坦巨龙吃素，但这并不意味着它们好欺负。因为它们身高惊人，所以与它同时代的任何食肉恐龙都够不着它。食肉恐龙如果饿狠了扑上去，还可能被泰坦巨龙踩个稀巴烂，所以还是不吃为妙。

神奇的是，虽然成年的泰坦巨龙个子大得惊人，它们的蛋却只有 12 厘米长，比鸵鸟蛋还要小一些……真不知道它们是怎么长那么大的。

脚印化石的独特信息

可能有的小朋友们会问：“这个恐龙脚印附近会不会有恐龙骨架化石啊？”嗯，你可跟科学家想到一起去了，科学家们目前也正在全力寻找骨架化石。

另外，恐龙脚印和足迹化石还可以提供骨架化石没有的信息，比如想要知道恐龙走路的样子，就得问一问脚印化石哦！

16

泥潭龙的“成年礼”：牙齿掉光光

很多动物都有牙齿，而且各有各的特点：大象的门牙伸得长长的，变成两根显眼的象牙；独角鲸头上那根长长的角，其实是突出唇外的犬齿；鲨鱼牙齿虽然锋利，却容易脱落，所以一排牙齿根本不够，要长五六排牙齿作后备，最外面一排掉了，第二排的就顶上，最里面再萌发新的牙齿……很多动物都像鲨鱼一样，一生中要经历牙齿脱落再萌生的过程。这其中，我们最熟悉的就是人了。

乳牙和恒牙

每个人在一生中都能长出两副牙齿，一副叫乳牙，一副叫恒牙。婴儿从半岁左右就开始长乳牙了，两岁半左右长齐 20 颗乳牙。但乳牙只是临时的，等小朋友们到六七岁时就要开始换牙。也就是说，乳牙会一颗颗松动脱落，萌发出要用一辈子的恒牙。这个换牙的过程要持续到十二三岁才结束。大部分人会长出 28 颗恒牙，有些人则可以萌生出更多。多长出来的牙齿叫智齿，最多可以长出 4 颗，通常要到人 17 岁左右接近成年了才萌生。恒牙比乳牙更坚硬、更耐用。

无论是鲨鱼还是人类，都是要换牙的。可是科学家发现，有一种叫泥潭龙的恐龙，它们小时候倒是有一口“乳牙”，正当年富力强时竟成了“瘪嘴老太婆”！

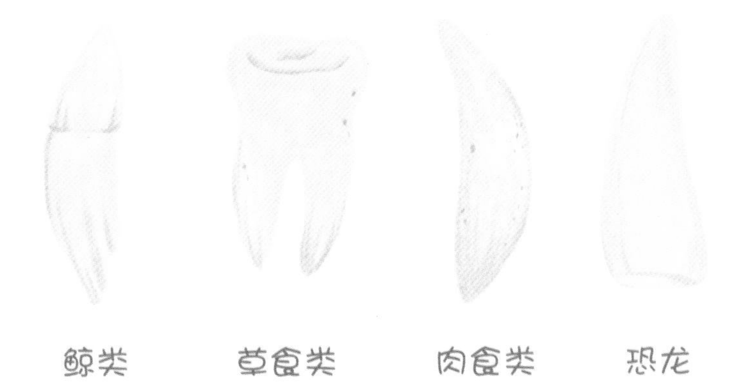

牙齿掉光了！是恐龙吃太多糖了吗

首都师范大学的古生物学家王烁在新疆发现了 19 具侏罗纪的恐龙化石。这些恐龙，虽然年龄不同，但全都是泥潭龙。

奇怪的是：这种恐龙年纪越小，嘴里的牙越多；大恐龙的嘴里则完全没有牙齿！有的小朋友可能要问了："这些恐龙是不是吃了太多糖，牙都掉光了？"嗯，这是个非常可爱的想法，我们还是先来听听科学家怎么说。

王烁和同事们一起研究了这些恐龙。最后，他们证实了两件事：第一，成年泥潭龙的牙齿并没有发生病变，掉牙肯定是它们生长发育中的一个自然过程；第二，成年泥潭龙的肚子里有一种叫"胃石"的东西，在小恐龙肚子里却看不到。

现代鸟类也和泥潭龙一样，嘴里没牙，胃里却有石头。于是，科学家们通过观察鸟类等现代动物发现，动物长了胃石，就相当于在肚子里长了一副"牙齿"——胃石的存在，能帮助动物们研磨食物，更好地消化和吸收食物。

小贴士

胃石

鸟类虽然没有牙齿，却会吞下粗糙的沙砾，把它们贮存在胃里，让它们代替牙齿研磨食物。许多恐龙也有这种习性。有一些大型食草恐龙（比如梁龙）肚子里的胃石，一颗就重达几千克。

掉牙的重要性

对泥潭龙而言，掉牙是它们的“成年礼”。

有牙齿时，它们是什么都能吃的杂食动物，不挑食，自然就容易生存、长得壮。成年后，它们就只吃素了，大恐龙能够用胃石碾碎那些有牙齿也嚼不动的草料，而把更多更优质的食物资源留给自家的小恐龙们，让整个物种有更大的生存机会。

鸟是恐龙的后代，而泥潭龙跟鸟的祖先是近亲。科学家认为，同样是嘴里没牙的动物，也许今后对泥潭龙的研究，能告诉我们鸟类是怎么在进化之路上，一步步“抛弃掉”自己的牙齿的。

看来有牙没牙，还真是有大学问呢！

中华龙鸟：身披魔术羽衣的假面大盗

一具挖掘于辽宁的恐龙标本，曾经成为世界的焦点。这条长不过 0.7 米的恐龙，竟然披着小鸡那样的绒羽！这也是人类第一次在鸟类以外的动物身上发现羽毛。

它就是中华龙鸟—— 一种以鸟为名的恐龙。以它为起点，中国北方接连发现各种带羽毛的恐龙。这些美丽的生物，是 1 亿多年前早白垩世“热河生物群”的重要成员。

彩色羽衣与生存哲学

现在，科学家们不仅证明恐龙会长羽毛，与今天的鸟类是一家，还验证了另一个重要的发现：这些羽毛中的色素能历经亿年保存下来。由此可见，恐龙时代披着羽衣的恐龙和鸟儿们，就穿上彩色衣服了。

中华龙鸟身披棕色和白色的羽衣，背上的颜色深，腹部的颜色浅。它长长的尾巴有着深浅相间的条纹，越接近尾巴尖，条纹就越宽。它的脸更有趣，虽然大部分都是浅色的，但眼睛周围却覆盖着深色的羽毛，一直延伸到脑后，活像戴着强盗眼罩的大盗。

英国的几位古生物学家曾给几具中华龙鸟化石全面检查了身体。他们发现中华龙鸟的这身装扮可不是随便穿的，其中蕴藏着它们的生存哲学。

小贴士

鸟羽的进化

鸟类化石中保存下来的微小色素体、琥珀中保存着的原始羽毛丝，为羽毛颜色体系的研究提供了部分信息。古生物学家如今建立起了一种假说，认为羽毛大致经历了5个阶段，才从恐龙的皮肤衍生物逐渐进化成不对称的鸟类飞羽。

强盗眼罩作用大

我们先来说说这搞笑的“强盗眼罩”吧。

其实，现代生物也有不少爱画个烟熏妆或戴个强盗眼罩之类的。这样做一般有两个目的：第一，遮光护眼。在树木稀少的开阔地带，尤其是波光粼粼的水边，由于没什么遮挡，哪里都白晃晃的，很刺眼。在眼睛周围自备一片深色毛发，就能吸收耀眼的光线，虽然没有墨镜好用，但也聊胜于无。

第二，隐藏视线方向。如果眼睛本身是深色，那么用毛发“做”个黑眼罩等于把眼睛给藏起来了，眼珠上下左右的动向就不容易被发现，也就掩藏了动物下一步的动作。

科学家们认为，中华龙鸟的强盗眼罩应该是起遮光护眼作用的，它生活的地方可能没什么树，比较空旷。

中华龙鸟的“消影装”

中华龙鸟可是一位相当了解光影之道的“穿衣达人”。得出这样的结论当然要有证据，这就不得不提到它那身看似平常的“深背白肚装”了。

为什么中华龙鸟背部颜色深，肚子颜色浅呢？有的小朋友也许会说：“大多数动物不是都这样吗？”没错，大家之所以都这么干，是因为大多数动物都是背部朝上、腹部朝下走路的。天上有太阳作光源，被阳光照射的背部会变得明亮，如果动物浑身上下都是一种颜色，那么自然就会出现光影效果，落到别的动物眼里，看起来背部明亮、腹部暗淡，对比明显。而动物长成背部颜色深、腹部颜色浅的模样，就是为了尽量抵消这种自然的光影变化，让全身颜色均匀——这跟我们拍艺术照时周围有人打反光板是一样的道理。

颜色均匀的好处是让身体关键部位的色调与环境更统一、不突兀。这样，无论是躲避敌害还是伏击猎物，都更隐蔽。

科学家们给这种深浅相对、抵消阴影的装束起了个特别的名字：消影装。通过计算消影装上深浅色的比例以及深浅过渡区的宽窄，就能知道动物生活环境

的光照强度了。

中华龙鸟的深浅羽毛截然分开、背腹颜色过渡区很窄，这是生活在光照强烈的开阔地带的明显标志。

尾巴条纹也有用

至于中华龙鸟那条漂亮的条纹尾巴嘛，因为它实在是太长了，所以中华龙鸟在走路时，不可能让它和身体一样与地面保持水平，也就没办法用消影装隐藏。

于是它就反其道而行，把尾巴用条纹装饰起来，就像我们人类社会路旁的防撞杆一样醒目。这样一来，不论是天敌还是猎物都容易被混淆视听。让它们只注意中华龙鸟的尾巴去！反正它够长，离身体的要害也够远，关键的时候可以“丢卒保车”。

好啦，现在大家知道中华龙鸟为什么穿这么一身了吧？

蒙受冤屈的窃蛋龙

7000万年前的一天，一只漂亮的恐龙正悠闲地散着步。它身披羽毛，头顶长着圆形的头冠，一张鹦鹉嘴发出开心的咯咯声。

突然，它一脚踩进了一片烂泥里，整个身体向前栽去！原来它陷入了一片沼泽——它伸展自己的四肢，拼命上下扑腾；又高高昂起脑袋，尽力不让泥水没过鼻孔……可惜，这一切都没用了，烂泥还是淹没了它的呼救声……

它的身体，最终沉入了泥塘。

重见天日的沉潭恐龙

有时候，悲伤的故事会变成永久的传奇。

几千万年过去了，江西赣州的一个普通工地上爆出了一条奇闻：当地的工人和农民在用炸药炸山时，炸出了一具恐龙骨架。爆炸产生的冲击波把它从山岩上掀起并裂成三段，但拼合起来，仍是一条完整的恐龙。这具化石四肢平展、脖颈昂起，似乎正振翅欲呼。

当地人把这具恐龙骨架交给了中国地质科学院地质研究所的古生物学家吕君昌。吕博士和他的同事经过研究，明白了这具恐龙的悲惨身世——那就是文章开头的悲伤故事。因为这只恐龙发现于江西赣州的通天岩附近，又是不幸地淹死在泥潭中，所以他们给它起名“泥潭通天龙”。

窃蛋龙，不偷蛋

泥潭通天龙属于窃蛋龙科。说起窃蛋龙这个种类，就不得不提及它们蒙受的不白之冤。

1924 年，古生物学家在一窝恐龙蛋中第一次发现了窃蛋龙类恐龙的骨头。他们觉得，这只恐龙可能是来偷蛋吃的，所以把它叫作“窃蛋龙”。直到60多年后，人们才发现这类恐龙大多根本不是在偷蛋，而是在孵自己的蛋！

它们蹲伏在满满一窝蛋上，慈爱地用长有羽毛的前肢为孩子们遮风挡雨。古生物学家们甚至在它们身下的蛋里找到了成形的恐龙宝宝，和大窃蛋龙长得一模一样，证明它们确实就是宝宝的母亲。

可由于科学家们在给生物起名时要遵从“优先律”，所以窃蛋龙的冤屈虽然洗清了，但这倒霉的名字却改不了。这还真印证了一句话——人生，哦不，龙生不如意事十之八九啊。

然而不管怎样，窃蛋龙都以它们完全不同于普通爬行动物的羽毛和亲代抚育行为清晰地向古生物学家们描绘出了恐龙向鸟类进化的可能路线。

真希望中国这块盛产长（zhǎng）羽毛恐龙的热土，能给我们带来更多惊喜。

小贴士

亲代抚育行为

指动物中父母一辈喂养、抚养儿女，提高它们存活的概率。有亲代抚育行为的动物不像鱼、海龟那样，把蛋下完就拍拍屁股离开，任其自生自灭。一般来说，它们产的宝宝数量较少，但它们情愿牺牲自己的时间也要让宝宝受到尽可能多的照料，重“质”不重“量”。

19

恐龙灭绝是因为孵蛋时间太长了吗？

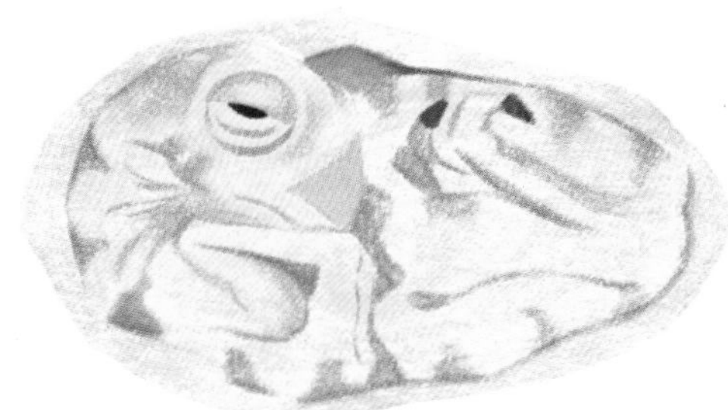

不知道小朋友们有没有孵过小鸡？当然，人们孵小鸡，不需要像鸡妈妈那样坐在鸡蛋上孵，而是把鸡蛋放在一个湿度适宜的箱子里，用一个温暖的灯泡提供热量，经过 21 天的孵化，小鸡宝宝就出壳了。

孵化小鸡只要二十几天，那么问题来了，如果我们要孵化一只恐龙，需要多长时间呢？

现在科学家找到了一些线索，证明小恐龙们至少需要 3 个月的时间才能从蛋壳里面爬出来。想孵化恐龙蛋的小朋友，看来这个挑战难度可不小呢。

从牙齿看年龄

很多小朋友肯定会问，那些恐龙蛋都成化石了，科学家怎么能从一块石头上看出恐龙孵化的时间长短呢？难道不同孵化时间的恐龙还有特殊的标签不成？

嗯，大家还真说对了。不同孵化状态的恐龙宝宝确实是有标签的，那就是恐龙的牙齿。恐龙的牙齿同人类的牙齿一样，表面看起来就是一整块结实的小石头，但实际上，这牙齿可不是一天就长成的。

在牙齿的生长过程中，坚硬的矿物质每天在牙齿釉质壳中沉积，每一天都会留下一圈痕迹，就像树木的年轮或者钟乳石的环纹那样。通过数圈圈，我们就能知道这只恐龙的年龄了，包括恐龙蛋里面的恐龙宝宝也是如此。

恐龙宝宝生下来就是有牙齿的，不像刚出生的人类宝宝那样像个没牙的小老头。另外，与牙齿的增长线类似的，骨骼中的生长线也可以作为评判生物年龄的依据。

孵化时间越长，危险越大吗

举个例子来说，原角龙宝宝从胚胎开始直到见到外面的阳光，至少需要 3 个月的时间。在相同的时间里，小鸡宝宝已经长成跟爸爸、妈妈差不多的样子了。可恐龙孵化时间更长，碰到各种天灾和意外的可能性都会成倍上升，这大概也是远古恐龙没有活到今天的原因之一。

可是要说到恐龙蛋为什么孵化得这么慢，就不得不谈谈恐龙和鸟对孵蛋这个任务的态度差异了。鸟孵蛋嘛，大多数很认真，看看鸡妈妈，基本是寸步不离。恐龙是已灭绝的生物，没法直接观察，科学家就在它们的蛋壳上做文章。

恐龙蛋为什么孵得慢

恐龙蛋的蛋壳看上去密不透风，其实有很多肉眼不易发现的小孔。它们像蛋“房子”上的窗户，方便恐龙宝宝呼吸。孔越小，说明外界的通风越好；孔越大，说明外面闷气，必须“大口呼吸”。科学家根据蛋壳上孔的大小，认为大孔的蛋是埋在土里孵化的，小孔的则暴露在空气中。这说明，有的恐龙不太负责任，像鳄鱼那样把蛋随便往土里一埋就拉倒；有的恐龙则会垒个土窝，让蛋半躺在土里，然后像母鸡一样坐在蛋上，张开双臂保护它们。

蛋的孵化要靠热量。土壤里的草叶腐烂时会散发热量，土壤本身也会吸收太阳的热量，但这个产热的过程比较漫长。比如鸭嘴龙，它的蛋就是埋在土里的，小恐龙要花 6 个月才能破壳而出。而会抱窝孵蛋的窃蛋龙却能为自己的宝宝们带去更多热量，它们的体温介于普通爬行动物和鸟类之间，蛋的孵化速度就会快得多。

但即使是窃蛋龙这样尽责的妈妈，自身条件也比不上鸟：体温太低，孵化时间还是过长；土窝筑在地上，蛋容易被其他坏家伙偷走、踩烂。

相反，那些恐龙的后裔——鸟类，却有更成熟的保暖和循环系统，能把窝架到树上，让大多数陆生动物够不着。它们为自己的蛋宝宝挣得了更好的待遇，以更快的孵化速度、更短的生长周期，成为替代恐龙的角色，一直生活到了今天。

最后，提醒小朋友们，如果大家真的想体验孵恐龙蛋的乐趣，就从孵鸡蛋开始练手吧。不过市场上出售的鸡蛋是不能孵出小鸡的，这是为什么呢？小朋友们不妨开动脑筋想一想。

小贴士

市场上出售的鸡蛋为什么孵不出小鸡？

鸡蛋要孵出小鸡，必须由鸡爸爸送给鸡妈妈一颗“种子”，这个过程叫“受精”。市场上卖的鸡蛋里大多没有鸡爸爸的“种子”，没有“受精”，所以无法孵出小鸡。

20

恐龙的末日，堪比灾难片

恐龙为什么会灭绝？有关这个问题的讨论，自恐龙发现以来就没有停止过。时至今日，最深入人心的，莫过于“小行星撞击说”了。

恐怖的“天外来客”

20 世纪 80 年代，美国物理学家与地质学家阿尔瓦雷茨父子发现，在白垩纪和新近纪地层交界线的黏土层中，“铱”这种金属的含量非常高，形成了一个广布全球的铱富集层。科学家们把这种现象叫作“铱异常”。铱在地壳中非常少，在陨石中却比较多。因此，这层全球广布的“铱异常”黏土层恐怕就是“天外来客”拜访的证据。

1990 年，科学家们果然在墨西哥的尤卡坦半岛找到了一个巨大的陨石坑，它的年代与铱异常的时代很接近。这个名叫“希克苏鲁伯陨石坑”的大家伙直径超过 180 千米！这个长度相当于从南京到苏州，即使乘坐高铁也要走两个多小时——真是恐怖至极。

铱异常和希克苏鲁伯陨石坑让许多科学家确信：在 6600 万年前，一颗直径 10 千米以上的小行星撞击了地球，使恐龙灭绝，同时抹杀掉了地球上三分之二以上的动植物。

小贴士

食物链

除了植物以外，一种生物总得吃其他的生物才能活下去。所谓“大鱼吃小鱼，小鱼吃虾米”，这种一环套一环的关系就像一条链条，哪一环断了都会引起生态系统的变化。恐龙末日时的白夜让植物大量死亡。正是因为食物链的最初一环岌岌可危，才引发了可怕的大灭绝。

绝望的“白夜”

然而，并非所有的恐龙、所有的动植物都是被直接砸死的。小行星撞击事件还带来了许多后续灾难，比如与铱异常和陨石坑相当的地层里就有着巨量的灰分。

不难想象，小行星就像一颗巨大的炸弹，把坠落地周围广大地区的生物都轰成了渣，烤成了炭。同时，森林大火遍布全球，爆炸激起的蘑菇云直冲云霄，造成灰分飞扬。2017 年，美国的一队科学家用计算机推演了白垩纪末小行星撞击后的环境影响。他们发现，把这些灰分说成“遮天蔽日”可是一点儿都不为过。

小贴士

灰分

经历高温后留下的灰烬，可以指煤灰、火山灰、火山渣等等。

当时，很大一部分灰分在大气层中停留了相当长的时间。在地表的动物看来，太阳变得像月亮一样黯淡，天地之间也黑得像夜晚；甚至有时太阳所提供的光亮还不如满月夜的一半。而且，这样的“白夜”持续了一年以上……所有的动植物都像被关进了小黑屋，只有常年在浓密绿荫下生存的阴生植物

和惯于在黑夜里活动的夜行性动物，才能适应这样的光线条件。

大多数植物无法进行光合作用，最终死去。食物链中断了，动物也没有了食物。

可怕的寒冰期和强辐射

不仅如此，这样的“白夜”还让地表温度急剧下降：陆地平均温度下降了 28℃，海洋表面温度下降了 11℃。本来白垩纪末在地球历史上是个温室时代，平均温度比现在要高 7℃，可即使是这样的地球大温室，也在小行星撞击后突然跌入冰窖。地球的中高纬度地区都是冰封雪冻，只在热带地区有几个零星的避难所——这个可怕的寒冷期长达三四年。

之后，对那些终于守得云开见月明的幸存生物来说，撞击发生五年后，烟尘散尽，它们迎来的不是生存希望，反而是另一重无形的危机——原来，在过去几年里，灰分曾直冲云霄之上，蹿升到 90 千米的高空。它们停留在那里大量吸收热能，使地球上层大气的温度上升了 50 ~ 200℃，对臭氧层造成了毁灭性的打击。于是当地表重见天日时，太阳散发出的有害射线失去了大气层的阻挡，悉数到达地球。这对幸存生物又是一场灭顶之灾。

一颗直径 10 千米的小行星级炸弹、持续数月的森林大火、一年多不见天日的“白夜”、数载难熬的冰天雪地，再暴露于超强辐射的臭氧层空洞下……恐龙灭绝已经不算什么了，地球上的高等生命还没死绝，都是个奇迹了吧。

地球生命们的进化和生存之路，真是坎坷，而这些生命又是多么顽强坚韧啊！

“少年轻科普”丛书

生物饭店
奇奇怪怪的食客与意想不到的食谱
（大字注音版）

当成语遇到科学
（大字注音版）

病毒和人类
共生的世界

灭绝动物
不想和你说再见

细菌王国
看不见的神奇世界

恐龙、蓝菌和更古老的生命

我们身边的奇妙科学

星空和大地，
藏着那么多秘密

遇到危险怎么办
——我的安全笔记

当成语遇到科学

动物界的特种工

花花草草和大树，
我有问题想问你

生物饭店
奇奇怪怪的食客与意想不到的食谱